里奥历险记

王国保卫战

张顺燕 主编

吉林科学技术出版社

图书在版编目（CIP）数据

王国保卫战 / 张顺燕主编． — 长春：吉林科学技术出版社，2019.8（2022.3重印）

（里奥历险记）

ISBN 978-7-5578-4485-1

Ⅰ．①王… Ⅱ．①张… Ⅲ．①数学－少儿读物 Ⅳ．① O1-49

中国版本图书馆 CIP 数据核字（2018）第 116358 号

WANGGUO BAOWEIZHAN

王国保卫战

主　　编	张顺燕
出 版 人	李　梁
责任编辑	端金香　李思言
封面设计	长春美印图文设计有限公司
制　　版	长春美印图文设计有限公司
幅面尺寸	170 mm×240 mm
字　　数	94千字
印　　张	7.5
版　　次	2019年8月第1版
印　　次	2022年3月第2次印刷
出　　版	吉林科学技术出版社
发　　行	吉林科学技术出版社
地　　址	长春市福祉大路5788号龙腾国际大厦A座
邮　　编	130000
发行部电话/传真	0431-81629529　81629530　81629531
	81629532　81629533　81629534
储运部电话	0431-86059116
编辑部电话	0431-81629517
印　　刷	北京一鑫印务有限责任公司
书　　号	ISBN 978-7-5578-4485-1
定　　价	29.80元

　　为使孩子对数学产生浓厚兴趣，培养孩子的逻辑思考能力，弥补现行课堂上数学教育的不足，我们编辑了本丛书，它的内容生活化、趣味化，以曲折离奇的故事情节，轻松幽默的语言方式，将数学知识点巧妙贯穿始终，而且所涉及的知识点与小学数学知识同步，是一套既有趣又实用的课外数学辅导用书。

　　数学本源于生活，也同样应用于生活。它不应该仅是一堆机械的符号和冰冷的公式。

　　然而，通常老师在教授数学时，往往将着重点放在如何解题能解得又快又巧、如何取得高分数上，而忽略了很多基础的数学概念及方法。真正的数学教育

　　是传授孩子以自我建构的数学方法，来达到认知世界的目的，这样获得的数学知识才能根深蒂固，并能融入生活。

　　书中的漫画风格极为活泼幽默，连贯的画面给人以欣赏动画大片的视觉效果，小主人公们性格各异、善恶分明，使同龄的孩子们更容易接受并产生共鸣，从而在不知不觉中爱上数学。

北京大学数学教授、百家讲坛讲师

张顺燕

拉拉

一只拥有超级智慧的小狗，
极富爱心和正义感，是里奥
的伙伴。

里奥

能够拯救数学大陆的小学
生。10岁，性格活泼热情，
是像狮子一样勇敢的孩子。

黑衣人

一个神秘的黑色斗篷男，阴险
狡诈，坏点子特别多，为达目
的不择手段。

柯尼王国的公主，美丽温柔，聪明大方，事事以大局为重。暗恋兰洛斯，一见兰洛斯就开始眼冒红心。

奥菲莉

柯尼王国的国王，虽然喜欢美人，但对自己的国家和人民很负责任。

兔国王

一只可爱的兔妞妞，活泼机灵，特别崇拜哥哥兰洛斯。

佩妮

佩妮的哥哥，柯尼王国最厉害的兔武士，一个15岁左右的少年，他的太阳神剑可以抵抗毁灭之光。

兰洛斯

一个有两层楼高的妖怪，眼睛里可以发射出毁灭之光。他有很多（十来个）萝卜怪手下，这些手下个个皮糙肉厚，个子很大，很难被杀死。

萝卜大王

一条有高度近视的脾气暴躁的坏巫师眼镜蛇。

眼镜蛇

食人花

巫师眼镜蛇的手下，好吃，欺软怕硬，臭美，最注意形象。

一只聪明的白胡子老鼠，有一大帮鼠子鼠孙，帮助拉拉和里奥救回了很多兔子。

老约翰

目录 | CONTENTS

里奥和拉拉得知第三块宝石碎片在柯尼王国的亚特城之后，立刻开启传送阵，来到了柯尼王国。

走了大半天，也没有见到亚特城的影子，拉拉，你不会是搞错方向了吧？

呃，我明明记得在这附近……

唉，要不是指南针坏了，现在也不会摸不清东南西北了！

哎呀，我走不动啦！喂——有人吗？

这里的居民大多都是兔子，你应该问有兔子吗。

翻过一座小山后，他们找到了佩妮的家。

你们好！谢谢你们送我妹妹佩妮回来。

请问去亚特城怎么走？

亚特城你们可能去不了啦！

发生什么事了吗？

三天前，一个神秘的黑衣人对亚特城施了魔法，现在那里只能出不能进。

放心啦！拉拉神通广大，我们肯定有办法的。

拉拉阁下，如果您真的能进去，请一定帮我们护送兔王殿下出来，柯尼王国上下都会感谢你们的。

兰洛斯带着拉拉和里奥来到青青山谷最高处，从那里可以远远看见被魔法结界封印住的亚特城。

怎么会出现这种邪恶的魔法结界？

是啊！这究竟是怎么回事儿？

兰洛斯回忆着三天前的那场灾难……

三天前，我们国家举行了第一美女大赛，全城人民都在狂欢……可是不知怎么回事，被柯尼王国囚禁百年的萝卜怪突然出现了！那群萝卜怪破坏力超强，他们的头儿萝卜大王还会发射一种毁灭之光，我们没有防备，被打得措手不及。

哇哈哈哈哈——

救命呀！

啊啊啊啊啊啊！

你们快跑!

轰轰轰

我们刚刚将一部分民众转移走，这个魔法结界就突然出现了。除了一小部分人跟着我逃了出来，其他人都被困住了，包括我们的兔王殿下，也还在亚特城里。我们这些逃出来的人只好先守在青青山谷了。

竟然是百年前被封印的萝卜怪，难怪会出现失传已久的魔法结界！

无论多么危险，亚特城必须得闯一闯，宝石碎片还在里面呢！

包在我们身上，不就是一个魔法结界嘛！

宝石碎片确实在兔王殿下手里，只要您能想办法破开魔法结界，我会带人冲进去，咱们里应外合，把那些萝卜怪统统消灭，就能救回兔王殿下，找到宝石。

里奥、拉拉辞别兰·洛斯后，坐着飞毯向亚特城前进。

很快他们来到了亚特城。

看来这个魔法结界只能从内部打开了！里奥，坐稳了，我先用数字魔法破开一个小口，咱们先进去了再说。

这个魔法结界太强大了……

神奇的数学，请赐予我力量吧！尖锐的1，破！

不好，有陷阱！里奥，小心！啊——

啊——

呵呵，柯尼王国竟然请来了会魔法的人，有意思！花花，替我好好招呼招呼他们。

哦吼吼，大人放心，我最喜欢吃肉了。

蠢货，别光想着吃！小心阴沟里翻船。

是，是……大人请息怒，花花马上就去！

黑衣人老大派我守好这个结界，我怎么能让老大失望呢！

把所有进来的人统统干掉！

哎哟，头上碰得大包小包的。

小心点儿！这里可能有危险。

如果让我知道是谁暗算咱们，我一定要让他尝尝我的厉害！哎哟，疼死了！

你说下水道里会长食人花吗？

下水道里只会有臭老鼠！

呼——

咳咳，臭死了，这是什么味道呀？

看来得向眼镜蛇大人请罪了……

先吃掉你们之后再说！

嗷呜！

里奥，闪开！

快如实招来，你主子是谁？

眼镜蛇大人是我的主人，还有黑衣人，反正是主人让我守在这里，并把所有闯进结界的人都干掉……

又是那个讨厌的黑衣人在捣乱！

呜呜……别走，救救我！

快带我们离开这里，否则留你在这儿吃蚊子！

一条戴了眼镜的蛇突然张开大嘴扑向里奥。

哐

哪里来的怪物？

大人，快救救我，这两个家伙快把我变没了！

里奥，小心点儿！神奇的数学，请赐予我力量吧！小圆圈0，捆绑！

嗖嗖嗖嗖——

快说，亚特城的结界怎么破！

哼哼，你最好赶紧放了我，不然等我老大来了，绝对叫你们求生不得，求死不能！

还嘴硬！信不信把你做成烧烤眼镜蛇？

快放了我，否则我绝对不会告诉你们怎么出去的！

那你是想被做成烧烤蛇肉了？

大人，大人，快说了吧！留得青山在，不怕没柴烧啊！

我高度近视不认路，我只记得一些数字，说了你们也不一定能算出怎么走呀！

什么数字？快说，我们自己会算！

虽然我看不清路，但是每次出去，我都记得向左边走45分钟，然后向右拐，走25分钟后就能看见一个出口，上去就是亚特城了。

我走得慢，一分钟只能走85米，你们自己算吧！

这难不倒我！左边走45分钟，那就是45×85=3825米。右拐走25分钟，就是25×85=2125米。咱们算着距离走就一定能出去！

什么和什么呀，我都晕了……怎么算出来的啊？

简单啊，你看……

$$
\begin{array}{r}
4\ 5 \\
\times\ 8\ 5 \\
\hline
2\ 2\ 5 \\
3\ 6\ 0 \\
\hline
3\ 8\ 2\ 5
\end{array}
$$

……45×5的积

……45×80的积（个位的0不写）

哦，原来是这么算出来的啊！简单，知道了。

这两个坏家伙怎么办？可不能轻易放掉他们！

大侠饶命！我们其实很单纯的，还没干过坏事呢……

哼，吹牛也不打草稿！是谁刚才说把进来的人统统干掉的？骗子，和你的食人花做伴去吧！灵镜出击，5倍缩小！

啊！！

走开，谁要和你在一起呀！

主人，我们又可以在一起了……

里奥和拉拉沿着算出的距离，很快走到了尽头。

按下90°角的菱形

喷喷，黑衣人一定有随手涂鸦的怪癖，看看他把墙画得多乱啊，要是我在家这样画，老妈早就送我一顿"竹笋炒肉"了！

哈哈，那你真应该把黑衣人送给你妈妈！

口令里说"按下90°角的菱形"，菱形是什么？

你看，这墙上的涂鸦都是一些四条边组成的形状，这就是四边形，而菱形是四边形的一种，有一组邻边相等的平行四边形都是菱形。

我知道啦，长方形和正方形也是四边形的一种，对吗？它们和菱形都属于四边形。看，这里还有梯形！

真聪明！那你猜猜，"90°角的菱形"有什么不一样？

我想想，90°角的菱形——正方形！机关在这里！

拉拉和里奥顺着通道爬了出去，原来这个通道的出口在一个破旧肮脏的小巷子里！

哇！！

我呸！这出口也选得太奇葩了，脏死了，吃得我满口都是灰，咳咳！

嘘！你听——

奥菲莉公主殿下，萝卜怪太厉害了，他的毁灭之光我们谁也挡不住啊！

唉，我们怎么才能把大家救出去呢？

咦，是柯尼王国的人！

谁？

卫兵们冲了出去，把拉拉和里奥五花大绑地推了进来。

放开我，是兰洛斯让我们来的！

别紧张，我们不是坏人，是来救你们的！

哇，你们真的认识兰洛斯？

当然啦！我们是在青青山谷遇见他的。

快松绑，兰洛斯的朋友就是我的朋友！

奥菲莉公主殿下，你怎么在这里？结界已经破开了，快点儿走吧！

不行呀，那些萝卜怪很厉害，我们势单力薄，肯定走不掉的。

要是能和兰洛斯会合就好了！

呼呼，公主，外面都乱套了，咱们赶紧出去吧！

殿下，咱们还是躲躲吧，等援兵来了再出去！

保护不了民众，保护不了父王，我是一个失败的公主，还有什么脸面去见兰洛斯呢？

公主，跟着我们，先离开这里再说！

一定是兰洛斯带人杀进来了，咱们找他去！

里奥和拉拉一行人往城门口跑，没跑多远就被一个两米多高的萝卜怪堵在路上了。

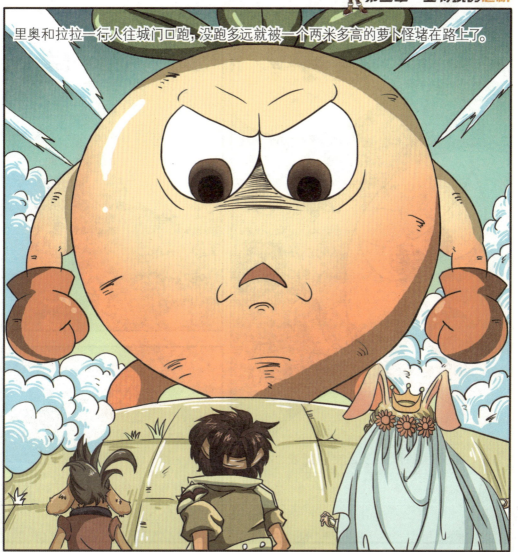

哇，远看不知道，近看吓一跳，这萝卜难道吃了"膨大剂"不成？个子好高啊！

里奥，快退！

里奥悄悄地拿出了拉拉送给他的电击棒。

握手？

嗨，萝卜大人，您是我见过的最威猛的萝卜了，交个朋友吧！如果你愿意，咱们先来握个手！

这是什么意思？

嘘！

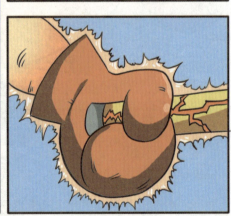

在萝卜怪接过电击棒的一瞬间，拉拉悄悄地按下了开关。

嗷，俺全身好麻……

原来萝卜怪怕电击啊，难怪之前我们的攻击对他们不起作用！

让我来试试数字魔法有没有效果！

哇，拉拉，你这个电击棒威力太强大了！

那里还有一只大个儿的！

麻花8，重力出击！

公主殿下，您还好吧？

殿下，萝卜怪皮糙肉厚，不好消灭，咱们现在人少，战斗力不强。要是能把关押的民众先救出来，我们就可以集中力量消灭萝卜怪了！

兰洛斯！我——我没事，可是大家还被关在地牢里呢！

一切都听你的！

公主留下，我们和兰洛斯一起去！

拜托各位了！

兰洛斯、里奥和拉拉悄悄来到地牢回，这里非常安静。

这边没有发现敌人的踪影，安全！

好奇怪啊，竟然没有守卫！

喂！兔子，救星来了！

我来啦——这些老鼠是什么意思？

我们是来救人的，你是？

你们是柯尼王国的人？

41

我是老约翰，想救人很简单，先回答我一个问题，否则一切免谈！

什么问题？

咳咳，听好了！老夫的鼠洞今年收了435颗稻谷，529颗小麦，我收的坚果比这两样的总和少125颗，你算算，我今年总共收到多少颗坚果？

难不倒我！两样总和是435+529=964，964-125=839，你总共收到839颗坚果！

里奥，你能算出来吗？

你确定，算错了别想救人！

约翰爷爷，您是这个地牢的守卫吗？

我可不是一般的守卫，要不是老夫带人守在这里，那些兔子早就被萝卜怪杀光了！

前辈，真是太感谢您了！

我也是亚特城的一员，和兔子们做了很多年邻居了，不能见死不救嘛！不过你们再不来，可能那些萝卜怪就真的要大开杀戒了。

约翰爷爷，城里不安全，您和我们一起走吧！

是呀，那些萝卜怪太凶残了，你们在这里很危险！

嗯，一起走吧！小的们，开门！

兰洛斯的兔武士渐渐抵挡不住萝卜怪的攻击，而回过神的萝卜怪们很快发现有兔子逃跑了。

哪里跑，
给俺站住！

快跑呀！

我先挡住，
大家快走！

神奇的数字3，
挡住他们！

拉拉，咱们去给
兰洛斯帮忙！

扑腾——

一个萝卜怪还是冲到了大家面前。

留下兔子，哇呀呀呀！

小的们，使劲儿踩，一二一！

一二一！
一二一！

一二一！
一二一！

千万不要小看老鼠……

拉拉，看你以后还敢不敢"狗拿耗子，多管闲事"？

不敢了！

约翰爷爷，您的老鼠们太给力了，你们可以把萝卜怪全部踩晕吗？

一两个还可以，再多就不行了，我们身板儿太小，力量始终是有限的。

突然，路边轰隆一声，天上掉下来了很多小石块。

大家小心，快趴下！

咳咳，这是怎么回事？

萝卜大王来了！

太阳神剑
十字斩!

你们先走,
我殿后!

兰——兰洛斯!

里奥,快闪开!

臭兔子,再吃我一记
超级毁灭之光!

哇，里奥，你们竟然解救了这么多民众！

是老约翰帮了我们！

老夫发现兔子被关起来之后就立刻带着我的子孙们守在牢门口，萝卜怪不敢轻举妄动，兔子们都好好的！

老约翰爷爷，真是太感谢您了！

你确实应该叫我一声爷爷，你爷爷和我还是同学呢！帮他照顾一下子民也是应该的。

可是我们还没救到兔王陛下。

数学宝石碎片在父王手里，他们肯定把父王关在别处了！

放心，他的太阳神剑虽然无法对萝卜大王造成大的伤害，但也可以抵挡一会儿毁灭之光。

兰洛斯还在里面！

那我们现在该怎么办？

咱们先带大家回青青山谷休整一下，等兰洛斯回来再做打算。

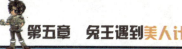

大家回到青青山谷不久，一场意想不到的变故发生了。

为什么？我父王还在亚特城没有脱险呢？

奥菲莉公主，我要带着我的人离开了！

你们要背弃兔王陛下？背弃柯尼王国？

哼，你让大管家说吧！

这是怎么回事？

管家陷入了回忆之中……

事情是这样的，那一天……

管家觉得很疑惑，悄悄地跟了上去。

咦，那不是今年的第一美兔吗？她怎么从国王陛下的房间里出来了？

老大，令牌到手了！

哈哈，果然不出我所料，跟我来！

他们一起到了关押萝卜怪的地方。

关押了百年的萝卜怪们，你们恢复自由的时候到了！去尽情地破坏吧！让柯尼王国乱起来！

天哪！

哈哈哈，一起来搞破坏吧！

什么?

谁?

管家跌跌撞撞地逃跑了。

陛下，陛下，不好了！萝卜怪逃出来了！

原来是你在跟踪我们！

你是谁？陛下，陛下，您怎么样了？

美人兔和黑衣人走了进来，美人兔一下掀开自己的兔子皮，原来她是食人花假扮的。

原来你们是一伙儿的！

休想，宝石是给拉拉的！

哼，要不是你们举行什么选美大赛，我让我的手下用美人计混进来，还不知道原来宝石就在兔王手里呢！哈哈哈哈，老东西，数学宝石在哪里？交出来饶你不死！

你要是不老实，我就叫你求生不能，求死不得！

我可怜的陛下呀！您怎么能随便吃陌生人送来的东西呢？呜呜……

少废话！宝石在哪里？

死也不会告诉你们！

眼镜蛇，花花，你们带管家到处搜。我就不信找不到！

没用的胆小鬼，看看外面吧！萝卜怪都逃出来了，谁还有心情站岗？

可是老大，外面还有很多卫兵呢！

你们竟然把萝卜怪放出来了，太过分了！

老大英明！

卫兵们果然都去对付萝卜怪了，眼镜蛇、花花押着管家把王宫翻了个遍。

起居室里没有！

会议室里什么也没有！

气死我了，卧室里也没有！

……

你到底说不说？

很好，眼镜蛇、花花，我要去请萝卜怪布下一个魔法结界，到时候把亚特城的兔子全部抓起来，我就不信这个老家伙不开口！

老大太威武了！

你这么想要数学宝石，究竟想拿它干什么？

哈哈哈哈，等我拿到你就知道了！

很快，黑衣人就回来了，他把国王和管家拉上大露台。

看见了吗？你的亚特城现在已经被魔法结界围住了，你的子民正在遭受灾难，你还不交出数学宝石吗？

你骗走我的令牌，放出了萝卜怪，还想让我给你宝石，死了这条心吧！

眼镜蛇、花花，把他们给我关起来严刑审问，我就不信他不说！

流言像长了翅膀一样，很快就传遍了青青山谷。

不管走到哪里，都能听见大家说国王的坏话，他真的很坏吗？

我只知道他当国王的时候，我们老鼠从来都没有饿过肚子，连老鼠都能吃饱，人民的生活那就更不用说了！

这么说起来，他还是很合格的。

幸亏兔王没有把宝石交给黑衣人。不知道奥菲莉公主能留下多少人，唉！

柯尼王国的男儿们，你们的热血去哪儿了？难道你们真的怕了那些怪物？老约翰家的几百个老鼠都能踩死一只萝卜怪，柯尼王国的勇士们却要做缩头乌龟！兔子怕了萝卜，难道我们要一辈子背负这个耻辱吗？我们的武士精神哪里去了？我们还要不要保卫家园？回答我！

保卫家园！保卫家园！保卫家园！

约翰爷爷，您快说吧！

据老夫观察，萝卜大王也是需要吃东西的，我们可以在他的食物里放点儿催眠药水，等他睡着之后再发起攻击！先把小怪物全灭了，然后集中火力对付大怪物！

其实，老夫倒是有一个好办法。

冲啊

这样未免有点儿胜之不武，有违武士精神！

这个主意好！小怪物好对付，大怪物太难防！

迂腐！老窝都叫别人占领了，还讲什么武士精神，再晚估计你们兔王都被折腾死了！

父王……兰洛斯，咱们就听约翰爷爷的吧！

准备好足量的催眠药水之后，老约翰和鼠子鼠孙们带着催眠药水从老鼠洞里钻进去了，同时兰洛斯也开始行动了。

大家快来啃萝卜，又脆又甜，好吃！

哪个不长眼的兔崽子敢在我面前吃萝卜？又是你！讨厌的兔子，上次怎么没把你打死！

即使世界上只剩最后一只兔子，也不会放弃吃萝卜的！

哇呀呀！

十字斩！！！

气死我也！
毁灭之光——

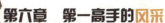

第六章　第一高手的风采

69

与此同时，老鼠们把一瓶一瓶的催眠药水倒进了萝卜大王的汤和食物里。

小的们，手脚麻利点儿，倒完就走喽！

这时，一只小老鼠爬上了里奥的肩膀，偷偷地跟他说了几句话。里奥做了一个OK的手势。

OK

兰洛斯

喂，老这样拖着也不行，明天咱们决一胜负，怎么样？

难道我会怕你们？有本事你们打进来呀！

明天决战！

呼哧呼哧

那些萝卜怪防御力很强，这仗我们怎么打呀？

目前看来，我们的人数占优势，但是攻击力确实有点儿弱！

哼，还记得旋风无影脚吗？

老约翰突然飞起一脚，一棵细细的小树咔嚓一声断了！

太厉害了，以后遇见老鼠真得绕道走了！

哇！

天啊，好厉害！

约翰前辈，您竟然会我们兔族的旋风无影脚！

奥菲莉的爷爷和老夫是同学，旋风无影脚就是他教给老夫的。可惜老夫是一只老鼠，没有发达的腿部肌肉，否则，断的就不是这么棵小树了！

前辈，请您帮帮我们！

约翰爷爷，您快想办法救救我父王！

办法也不是没有，你们跟我来！

老约翰带着众人来到了一片大峡谷。

这是什么地方？

这是迷失峡谷，一旦掉下去就上不来了，千万小心！

兔族现在要好好练习旋风无影脚啊！

是的，太惭愧了！

那些萝卜怪确实很难杀死，但是我们也不一定要把他们赶尽杀绝，这片迷失峡谷对于兔族来说可能危险重重，但对于萝卜怪而言，也许是个安家的好地方。我们只需要把他们赶到这里来就好了。

可是那些萝卜怪会乖乖听话吗？

嘿嘿，这就要看你们的旋风无影脚练得怎么样了！

哦，我知道了！老爷爷是想叫他们滚过来！

小子，真聪明！

见过滚木头没？木头太重不好搬运的时候，人们会让它滚着走。萝卜怪又细又长，倒下之后，爱怎么踢就怎么踢，想叫他往东边滚绝对不滚西边！

滚萝卜？哈哈，真有趣，老爷爷太厉害了！

老爷爷，您不愧是"智多星"啊！

智多星

哈哈！

原来如此！

回到青青山谷后，老约翰悄悄地拉住了兰洛斯和里奥。

咳咳，兰洛斯，你想好明天怎么安排了吗？

现在我们这边会用旋风无影脚的武士只有64个，但是不知道明天会有多少萝卜怪出战，所以现在还无法安排。

这个你别担心，我从城里回来的时候，偷偷听见萝卜大王说明天会派9个小怪出来收拾咱们。你快算算怎么分？

这个……这个。

什么这个那个的，叫你算就算吧！

我不会呀，我从小到大只有人叫我不断练剑。早知道数学还有大用处，我肯定抽些时间学了！

崩溃，原来偶像也不是万能的啊！

还是让我来算吧！其实就是 $64 \div 9 = 7 \cdots\cdots 1$，是一道有余数的除法题。

什么，什么？你说详细一点嘛！

$64 \div 9 = 7 \cdots\cdots 1$，1就是余数，余数永远比被除数小。

里奥算得对！

也就是说，兰洛斯可以安排7个武士去对付一个萝卜怪，还能留下一个武士。

原来是这样啊！

第二天一大早，接到命令的兔子武士们精神抖擞地出战了。

好奇怪，这些萝卜怪怎么缩在城里不出来了？

原来这群萝卜怪还有底牌，大家快散开！

哇哦，竟然还能把自己当作大炮射出来！太牛气了！

看来萝卜大王也就这几个手下了！

三个萝卜怪被发射出来，落地瞬间竟然压倒了好多小树。

哎呀——俺没压中兔子！

城墙上的萝卜加农炮继续发射着，很快又有6个萝卜怪下来了。

哐哐哐哐——

拉拉，咱们也去帮忙吧！

好嘞！丑八怪，看这里，呜噜噜噜！

俺哪里丑了？俺只是帅得不明显！

正当萝卜怪为自己辩解时，一阵超强的电流传遍了全身，它抽搐着倒下了。

里奥，好样儿的！

太好了，偷袭成功！

85

抢着棍子的萝卜怪力大无比，兔子们一时也无可奈何。

旋风风魂剑！

俺的棍子！哦，变柴火了！

啊哟——

眼看6个萝卜怪接二连三地倒下了，剩下的3个萝卜怪终于发现情况不妙了，他们背靠背挨在一起。

大哥，兔子今天像发疯了一样，扛不住怎么办？

呜呜，俺满脸都是脚印子！

不怕，大王马上就来了，到时候把他们统统变成萝卜！

是自己跟我走，还是让我绑着你走？

大部队来到了亚特城门前。

总算是把这群小喽啰赶走了!

太好了,回家了!

想到马上就能救出父王了,奥菲莉激动得泪如雨下……

父王,请坚持一下……我这就来救你了!

咱们现在就去救兔王陛下吧!

嗯,趁着萝卜大王没有醒来,咱们赶紧行动!

你怎么在这里？我好困啊，再睡会儿！

哈欠

你的小萝卜头们都被干掉了，你还有心情睡觉？

就在里奥等人在城门口欢呼不已的时候，萝卜大王被黑衣人弄醒了。

你说什么？这不可能！

这个蠢货看来是靠不住了，我得赶紧溜，不能被他们逮住！哼，拉拉，好好享受我留下的大礼吧！

萝卜大王进了迷失峡谷，就不能再出来作恶了吗？

应该不会了。萝卜大王的毁灭之光威力太大，他要是再出来，那就又是一场大难了。

吼

趁他睡着了，赶紧把他搬下去。

远处突然传来一阵大吼。

可恶的兔子，我跟你们没完！！！！

不好，萝卜大王怎么醒来了，大家躲好！

我先去扛一阵，公主，你快带大家离开！

这下麻烦了，这个大家伙块头太大了，再多的兔子也踢不翻他呀！

也不知道这家伙有没有弱点。

我记得里奥曾经用一个电击棒把一个萝卜怪电晕了，他可能也怕电！

我去试试！

里奥！

呼——
吓死我了，
我以为
死定了！

幸亏咱们有飞毯，以后再也别
这么冲动了！

我知道了，可是
萝卜大王怎么
办？兰洛斯也抵
挡不了多久！

看样子，电击对他还是
有效果的，也许我们可
以试试这个办法！

大萝卜，你在表演龟爬吗？慢死了！

你真的想打倒我们吗，别只是玩玩吧！

这些讨厌的臭苍蝇，气死我啦！

看，马上到了，
兰洛斯，你去准备！

请小心，
拜托了！

里奥，抓紧了！走了！

火光渐渐熄灭之后，大家慢慢地走向了蓄水池。

所以以后千万别随便动电线！

不知道萝卜大王怎么样了！

太恐怖了，原来高压电线碰到水会爆炸！

这么大的爆炸，我就不信他还能逃跑？

大家还是小心点儿吧！

点头

里奥、拉拉，真是太感谢你们了，以后我们再也不会被萝卜怪伤害了！

向您致以最高的敬意！

嘿嘿，也不全是我们的功劳啦，老约翰的点子太好了！

是的，约翰爷爷，您也是大功臣！

哈哈，亚特城也是我的家，我怎么能眼睁睁地看着它被萝卜怪毁了呢？

好了，咱们快去找兔王陛下吧！

不知道那个黑衣人究竟是谁，他会不会还在呢？

那个家伙老是比我们抢先一步找到持有宝石的人，太可恶了！

咱们快点儿去王宫，说不定他还在那里呢！

嗯，有可能！

坐上飞毯吧，飞毯速度快！

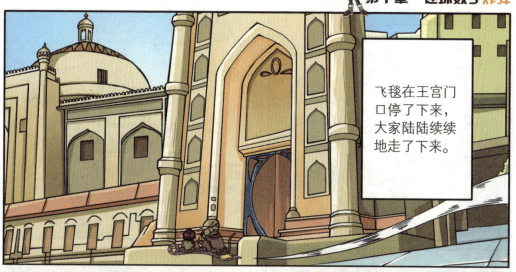

飞毯在王宫门口停了下来，大家陆陆续续地走了下来。

快看，这里有段留言！

写的什么？

拉拉，相信你一定很想得到宝石碎片，虽然我没有找到，但是唯一知道宝石碎片下落的兔王被我绑上了连环数字炸弹，你们要是救不了兔王，那么就让他和宝石一起下地狱吧！

父王——

公主，小心！

快进去看看！

这家伙太狠毒了！

大家跑进了王宫，看见兔王坐在宝座上，昏迷着，身上绑着一个炸弹。炸弹正滴滴作响。

这是什么意思？

这里有个遥控器！

连环数字炸弹计时开始——

有一块长方形西瓜地，长60米，宽2米，这块地的面积是多少平方米？倒计时10、9、8、7……

完了，数学我不会！

该死，为什么是数学题？

父王，不要啊！

120平方米！

……7、6、5、4——回答正确，下一题！

还有下一题？

不然怎么叫连环数字炸弹呢？

111

学校篮球场的宽是15米，长是宽的2倍还少2米，这个篮球场有多大？倒计时10、9、8……

多大？多大？

一切都靠你们了！

拜托了……

420平方米！

……5、4——回答正确，下一题！

呼——

公园里有一个正方形荷花池，跑一圈正好是240米，这个正方形荷花池的面积是多少？倒计时10、9、8……

正方形……

3600平方米！

3、2——回答正确，炸弹解除！

太好了！父王得救了！

呼——陛下！

老夫都要紧张死了！

你们是怎么算出来的?

第一道题其实就是算长方形的面积，长方形面积是长×宽，也就是60×2=120。

$S = a \times b$

第二道题要先算出操场的长，长是宽的2倍还少2米，也就是说长应该是15×2−2=28，然后继续用长方形面积公式算，28×15=420。

第三题其实是算正方形面积，正方形四条边是一样长的，所以它的边应该是240÷4=60，面积就是60×60=3600。

父王——
父王——

管家不是说他中了眼镜蛇的毒吗？

陛下为什么还不醒呢？

那个眼镜蛇和他的同伙还在下水道里呢！

是呀，快去把他抓回来，就知道国王的毒怎么解了！

我去找他们！

你这个坏家伙，快给国王解毒！

兰洛斯很快就把眼镜蛇和花花抓了回来，把他们带到了王宫里。

这个……这个黑衣人老大说了算！

你的黑衣人老大，早就跑路了！

大哥，老大不要咱们了！

快点儿给兔王解毒，不然我就不客气了！

别冲动，我解还不行吗？把我的毒牙拔下来，磨成粉喝掉就好了！

张嘴！

轻点儿，哎哟！

妈呀，我还是不要张嘴的好！

老约翰很快就把毒牙磨成粉，端给兔王喝了。

父王，你怎么样？

奥菲莉，我亲爱的女儿……萝卜怪呢？你们都没事儿吧？

陛下，萝卜怪已经被消灭了，拉拉大人和里奥大人来了，他们解救了大家。

拉拉、里奥，你们终于来了！请过来！

兔王陛下！

他们找遍了所有地方，却不知道我把宝石藏在了耳朵里，宝石终于可以交给你们了。

萝卜怪的危机解除，亚特城上下狂欢。此时，里奥和拉拉也要开始他们的下一段旅程……

神秘的埃拉大陆，也许你能看见熟悉的金字塔呢！

我们下一站去哪儿？